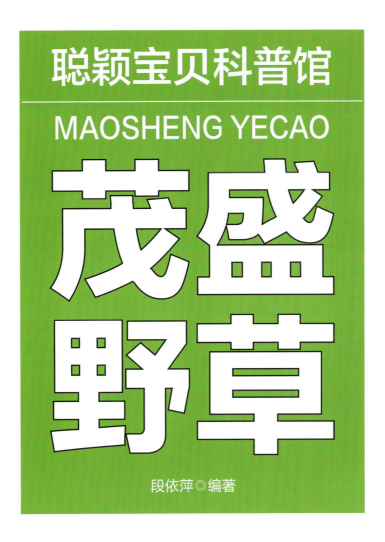

聪颖宝贝科普馆

MAOSHENG YECAO

茂盛野草

段依萍◎编著

辽宁美术出版社

图书在版编目(CIP)数据

聪颖宝贝科普馆.茂盛野草 / 段依萍编著. —沈阳:
辽宁美术出版社, 2020.8
ISBN 978-7-5314-8820-0

Ⅰ.①聪… Ⅱ.①段… Ⅲ.①科学知识—学前教育—
教学参考资料 Ⅳ.①G613.3

中国版本图书馆 CIP 数据核字(2020)第 147583 号

出　版　者:辽宁美术出版社
地　　　址:沈阳市和平区民族北街 29 号　　邮编:110001
发　行　者:辽宁美术出版社
印　刷　者:北京市松源印刷有限公司
开　　　本:889mm×1194mm　1/16
印　　　张:5
字　　　数:40 千字
出版时间:2020 年 8 月第 1 版
印刷时间:2020 年 8 月第 1 次印刷
责任编辑:孙　琳
装帧设计:宋双成
责任校对:郝　刚
书　　　号:ISBN 978-7-5314-8820-0
定　　　价:48.00 元

邮购部电话:024-83833008
E-mail:lnmscbs@163.com
http://www.lnmscbs.cn
图书如有印装质量问题请与出版部联系调换
出版部电话:024-23835227

前言 FOREWORD

　　"离离原上草，一岁一枯荣。野火烧不尽，春风吹又生。"小朋友对这首古诗一定非常熟悉吧？虽然很多野草长得貌不惊人，但它们的生命力非常顽强。它们不需要种植，便可以繁殖得十分茂盛。

　　不仅如此，在野草家族中，还有许多各具特色的成员呢：味道怪怪的鱼腥草，像毛茸茸的尾巴一样的狗尾草，有点辣的独行菜，环保的驱蚊剂香叶天竺葵……

　　但是，野草的存在也是有一定害处的。有些野草会和其他植物争夺泥土里的养分；有的野草长得比较茂盛，会挡住其他的植物的阳光，使其无法正常生长；有些野草甚至是有毒性的，会影响周边植物的经济价值或产量；有的会散布一些致病原，而这些致病原都是对农作物不利的。

　　这就是野草，普通常见中蕴含着不平凡，你想了解各种各样的野草吗？翻开《茂盛野草》，领略草的别样风采吧！

编　者

目录
CONTENTS

目录
CONTENTS

美味的斑种草

之所以被称为斑种草，是因为叶子上的纹路很像斑纹。很多人分不清斑种草和附地菜，斑种草的花是淡蓝色的，而附地菜的花是粉色或蓝色。

可做药材

斑种草的药用价值很高，能够治疗多种疾病。味道较苦，本性寒，可以清热解毒，还能消肿，治痔疮、湿疹等。需要把草煎成药，内服。

做菜也美味

斑种草也是一种可以吃的美味野菜，不过最好吃嫩苗，太老的话口感不好。通常在春季可以采摘嫩叶食用，用热水烫一遍，可以凉拌或炒熟，是自然健康的野生菜。

别称:山蚂蟥、毛罗菜、细茎斑种草

科名:紫草科

特征:细长直立的根没有分枝,数条茎直立或斜升,呈丛生状,部分在中部以上分枝

分布:中国的华北、西北等地

习性:喜欢光照充足的干燥环境

有毒的棒叶落地生根

高约 1 米的棒叶落地生根的叶子像个圆棍棒,上面有一些沟槽,还有灰黑色的条纹,最适合室内盆栽。

小档案

别称:锦蝶、棒叶不死鸟
科名:景天科
特征:粉褐色的茎为直立形态,最高能长到大约 1 米,圆棒状的叶子为粉红色,表面有沟槽
分布:原产地是非洲马达加斯加岛南部
习性:需要充足的阳光和干燥环境,耐半阴

可入药

一方面，棒叶落地生根很毒，另一方面，它也具有一定的药用价值，可以清热解毒，尤其对口腔溃疡、皮肤烫伤有很好的治疗效果。

毒性强

棒叶落地生根是有毒植物。它的叶子、根、茎和花朵都有毒，对人伤害极大，严重的话会致死。以前有家畜误食这种植物死亡的案例。所以家里如果养这类植物的话，千万要放在孩子接触不到的地方，每次管理完植物最好都用洗手液清洗双手，如果叶子的汁液溅进眼里，一定要清洗干净。

清新凉爽的薄荷

薄荷是餐桌上的美味，清爽可口，在中国的江苏、安徽两个省出产薄荷最多。

多种医药价值

薄荷的嫩芽可以做菜也可以做药，能够治疗感冒导致的头痛、喉痛等，另外薄荷中含有薄荷醇，可以让口气更清新，还可以缓解肚子疼和胆囊痉挛的问题，并且具有健胃、利尿的功效。但食用过量薄荷会导致失眠，量少则有助于睡眠。

特色的文化

薄荷在中国种植已久，有着自身特色的文化。薄荷代表希望，虽然它外表平淡无奇，但它散发出的清新、芳香的味道，让人的每个细胞都感到通透，也使人充满希望，感到幸福。因此，薄荷也有了特定的含义，"愿与你再次相逢""再爱我一次"是它的花语。

别称：夜息香、银丹草、鱼香草

科名：唇形科

特征：具有芳香的气味，叶子对生，小的唇形的淡紫色的花，果实为暗紫棕色

分布：北半球温带地区，少见于南半球

习性：阳光充足为好，喜砂质壤土或冲积土

美丽多姿的彩叶草

目前，彩叶草已经成为大部分园林建设的景观植物，它造型美观，叶子多姿多彩，又便于种植和打造景观，有非常高的观赏价值。

最怕病虫

彩叶草易受蚜虫侵害，藏在叶子上的蚜虫会吸干叶子的汁液，使叶子变得枯萎。为降低蚜虫的危害，可以用植物农药来治理。一般可以用侧柏叶的汁加入水，喷洒在彩叶草上，喷 3 ~ 5 次就能消灭蚜虫。

好看多用

彩叶草有着鲜艳的颜色，也有丰富的品种，加上容易繁殖和栽培，在全国各地都成为流行的花卉观赏植物。彩叶草大都在院子里或阳台上种植，还可以做成花篮用作装饰。

有趣的传说

传说彩叶草曾经长着 7 片叶子，而且每片叶子有不同的颜色，并在夜里发出闪耀的光，像会发光的萤火虫一样。据说心地善良的人有了彩叶草，会遇到好运和幸福，彩叶草也会变得更闪亮；如果是心地黑暗的人拥有彩叶草，彩叶草就会萎缩，不再闪闪发光。

小档案

别称：五彩苏、老来少、五色草、锦紫苏

科名：唇形科

特征：膜质的叶子一般为卵圆形，先钝端逐渐变短变尖，宽楔形至圆形的基部，其他时候，大小、形状、颜色都有很大差异

分布：原产于亚太热带地区，现在世界各地广泛栽培

习性：充足的阳光能够使叶子颜色更鲜亮

顽强的苍耳

苍耳最高可长到 90 厘米，根茎像纺锤的形状，生长在各种地形中，比如山地、丘陵、平原等。

生命力顽强

苍耳的种子很容易繁殖，只要清洗过后，风干即可种植。在每年八月十五左右，就可以在地里播种了。将种子放进地里，施足肥，然后盖好地膜，待 80% 的种子都出苗后，就可以掀开地膜，出苗半个月后再浇水即可。苍耳的种植方法简单，存活率高。

小档案

别称：苓耳、卷耳、白胡荽、枲耳、菜耳、蒇、地葵

科名：菊科

特征：高度为 20 ～ 90 厘米，纺锤状的根有的分枝，有的不分枝，直立的茎很少有分枝的

分布：伊朗、俄罗斯、印度、中国、日本等地

习性：喜松软深厚且肥沃的土壤，需要水源充足

止咳

如果你常常咳嗽,可以用苍耳子泡水喝,或者用锅煎煮苍耳子来服用,同样能止咳。

杀菌消毒

经过多个实践研究,专家发现,将苍耳子制作成药后服用,可以杀菌消毒,尤其是杀死肺炎双球菌和金黄色葡萄球菌。为什么苍耳子会有这样的作用呢?那是因为苍耳子中富含丙酮和乙醇提取物,这两类物质可以杀菌。

带锯齿的蟾蜍草

　　蟾蜍草的叶子可以食用,通常会摘来洗干净,然后晾干,可以做菜,也可以做药用。

锯齿状的叶子

蟾蜍草的高度达 15～19 厘米,根茎上生有短短的绒毛,叶子呈圆圈形状,上面有一些褶皱。叶子边缘有锯齿般的形状,表面上有很多小疙瘩,看上去很像蟾蜍的皮肤,因此被称为蟾蜍草。

难得的医用价值

因为蟾蜍草性凉,而且它内含多种营养元素,可以清热解毒,对感冒、咳嗽有疗效。蟾蜍草内含粗毛豚草素、楔叶泽兰素、原儿茶酸等成分,可以医治支气管炎、喉咙肿痛、痔疮肿痛、肾炎水肿等疾病。

小档案

别称:癞蛤蟆草、五根草、猪耳草、地胆头等

特征:方形的茎上稀疏地生长着柔软的短毛,长椭圆形至披针形的叶子上有很深的皱褶,根生叶丛生,茎生叶对生

分布:中国大部分地区

习性:喜欢高温湿润的环境,适宜温度为22℃～28℃

传奇的车前草

车前草根茎短小,叶子像莲花的底座形状,开出白色或绿白色的花,晒干后变褐色。

餐桌美味

车前草的幼苗可以做菜吃,一般在4—5月采食幼苗。用热水煮后,可做凉拌,或者炒好以后食用以及做馅,还可以做成汤。

▷ 美丽传说

关于车前草的名字，还有一个传说。据说，在汉代的时候，有一个著名的将军叫马武，有一次他带着军队去武陵打仗。时值盛夏，天气干旱少雨，战马和士兵都患了尿血症，影响征战进度，大家都很着急。这时一个叫张勇的马夫发现有三匹尿血的马居然自己好了，感到十分奇怪，于是去寻找线索，后来发现那些马是吃了地上的一片野草。为了证明野草有治尿血症的功效，他自己也试了一下，还真灵。于是告诉马武，马武非常欢喜，就问这种草在哪里，马夫张勇用手指着远处说："就在大车前面。"于是马武让全军都吃这种草，随后整个军队的尿血症被治愈，打了胜仗，车前草的名字也流传下来。

小档案

别称：车轮草、猪耳草、牛耳朵草等
科名：车前科
特征：直立生长的根部具有很多侧根，根茎很短，莲座状的叶子从基部生长
分布：亚洲大部分地区
习性：对土壤没什么要求，耐旱、耐寒

▷ 药用价值高

车前草性寒、味甘，有清热、明目、利尿的作用，也对皮肤溃烂、咳嗽、眼睛肿痛等有一定的效果。

能止血的大蓟

大蓟在夏秋两季开花,气味较淡。它的根茎是褐色的,开的花是圆球形状,呈黄褐色,气味淡,可入药。

止血补益

大蓟的药用价值被记载在中国医药古籍里,其中《本草经集注》里将大蓟列为草木中品,主要治疗女性吐血、血崩,还有安胎的功效;宋朝的《日华子本草》中记载,该植物还可以化瘀血、解毒。它性凉,散瘀消肿,补虚,对身体大有裨益。

与小蓟的区别

大蓟的根茎像一个纺锤或者一个萝卜，它的高度在 30～80 厘米，在根茎上会长一些绒毛，而小蓟有着竖直的根茎，在靠近花的部分有绒毛；大蓟的叶子更大，呈扁圆形状，叶子长 8～20 厘米，叶子的边缘有锯齿，并长有稀疏的绒毛；小蓟的叶柄比较短，叶子较小，叶子表面没有绒毛。

小档案

别称: 大刺盖、大刺儿菜、老虎脷

科名: 菊科

特征: 叶子上有丝状毛，为绿褐色或棕褐色，有多条纵棱，灰白色的断面，球形或椭圆形花序顶生，是头状的

分布: 中国南北地区均有分布

19

医生助手——大金钱草

大金钱草有 300 多种，主要生长在石灰岩上，喜欢长在山坡上的湿地里。

利尿排石

大金钱草的利尿功能是被研究证明的,在一次实验研究中,研究者给狗注射大金钱草制成的试剂,并不断观察狗的尿量,发现狗的尿量增加。他们进一步发现,大金钱草可以让输尿管压力增加,从而加速尿管的蠕动速度,因此增加了尿量。

抵抗感染

除了利尿外,大金钱草也可以抵制某些疾病感染,抑制炎症发展。有研究者认为,大金钱草之所以能抑制炎症,是因其含有总黄酮和酚酸物的缘故;也有人觉得起作用的是大金钱草内的乙酸乙酯。

小档案

别称:神仙对坐草、地蜈蚣、过路黄等
科名:报春花科
特征:茎细长,匍匐生长,节上生根,呈马蹄形、圆形或肾形
分布:澳大利亚、亚洲、中非、南非、大洋洲群岛
习性:不能被阳光直接照射,喜欢温暖潮湿环境

结石病的克星

在中医治疗中,大金钱草也可以用来治疗泌尿系统的结石和胆结石。临床中发现,饮用大金钱草制作的中药,治疗结石效果很显著。

21

好吃好用的翻白草

翻白草的根茎十分粗壮，海拔100至1850米的山谷、荒地、沟边、草甸、山坡草地及疏林下，均能看到它的身影。

▼ 强大的医疗功效

　　翻白草味道微苦，性寒，在中国的医药古籍和民间秘方里都有记载，而且直到现在，翻白草还发挥着治病的作用。翻白草内有许多种类的活性元素，可以杀菌、止血、清热解毒等；而且现代医学也证明，翻白草内有多类活性成分，可以降低血压、杀菌、止泻。

好吃又实用

　　翻白草的根部含有丰富淀粉，可以烹饪或煮汤吃；而且它的花颜色艳丽，开花时期长，可以作为观赏植物，也可以保持水土，防止水土流失。可谓既好看，又好吃好用。

清热解毒的甘草

甘草可以清热解毒，祛痰止咳，有诸多疗效。甘草的叶子为红棕色或者灰棕色，用嘴巴咬一下，你会发现有点甜。

小档案

别称：甜草、国老、乌拉尔甘草、甜根子

科名：豆科

特征：外皮为褐色，里面呈淡黄色，有甜味，茎直立，有许多分枝，布满鳞片状腺点

分布：中国、俄罗斯西伯利亚地区

习性：耐寒耐热喜阳，不惧寒冷和盐碱环境

药用价值高

在中医里,甘草具有祛除体热、排出人体毒素的作用。在炎热夏季,人容易肝火旺盛,常用甘草泡水喝,可以降火,还能排毒素,对身体健康很有好处。除此之外,秋天很多人容易咳嗽,甘草里富含甘草酸,用甘草泡水喝,也有祛痰止咳的效果。

危害大的狗尾草

狗尾草是一种杂草,它的秆和叶可以入药,也可以做动物饲料,还可用作杀虫剂等。

小档案

别称:稗子草、阿罗汉草、狗尾巴草

科名:禾本科

特征:根像胡须一样,起到支撑植株的作用,直立的茎秆,稍微松弛的叶鞘,一般没有毛

分布:欧亚大陆的温带和亚热带地区

习性:耐寒冷,也耐贫瘠

▶ 争夺养分

狗尾草有着强大的根部,能够快速吸走土壤里的水分和营养。在地里比农作物更能消耗水、肥料,也常高过农作物,影响农作物的光合作用,干扰并限制农作物的生长。除此之外,它还会伤害到人和动物,人不慎吃了狗尾草的种子,会中毒。

▶ 生命力强

狗尾草非常适合在温暖的环境里生长,尤其在有很多腐殖质的土壤里,更能刺激狗尾草的生长。它的种子借助风、雨水和农肥的力量传播出去,在冬季休眠,春季萌发。一般种子为繁殖源,在 4 月中旬到 5 月开始发芽,长出草苗。5 月上中旬是发展高峰期,8—10 月就是结果期。

会害羞的含羞草

含羞草"害羞"的行为，其实是自我保护的方式。只要有动物碰它，它就会将叶子合拢，唬得动物不敢吃它。

会害羞

一般来说，植物不会有神经系统，对外界刺激也没有反应，但含羞草是个例外。它被外界刺激时，叶子会合起来，像害羞了一样，所以大家都叫它"含羞草"。

活的"天气预报"

含羞草还可以预测天气的阴晴，当你用手摸它时，叶子卷起来，而张开时缓慢，这就说明接下来是晴天；如果你用手摸它，它的叶子缓缓收缩，或者稍一闭合就快速张开，这说明接下来要下雨或变阴天。

楚楚动人

含羞草不仅有感情，还长得清秀美丽。你可以将它放在院子的墙角里，也可以放在窗台上。如果在花盆上放上粉色薄纱，以毛绒球来点缀，会更有趣味性。

小档案

别称：怕丑草、见笑草、呼喝草、感应草、知羞草等
科名：豆科
特征：圆柱状的茎有分枝，向下弯曲的钩刺散生着，还有倒生的刺毛
分布：世界热带地区
习性：有充足的阳光，温暖湿润的气候适宜生长

清新淡雅的虎耳草

虎耳草害怕积水，所以千万不要往花盆里浇水，可以在空气中喷水，提高空气湿度。

花语为"坚持"

虎耳草的学名叫割岩者,听起来很奇怪,主要是因为虎耳草总生长在阴处的岩石缝中。虎耳草的花语是坚持和持续,当有朋友送你虎耳草,说明他觉得你非常坚韧,有超强的耐力,能够厚积薄发,取得更大的成就。

盆栽的优选

虎耳草看起来小巧别致,叶子形状奇特,常在家中用盆栽打造景观。可以倒挂放置,悬挂在房檐或室内,有一种清新淡雅之美。

抗旱的画眉草

画眉草是向阳植物,抗干旱能力强,对生存环境要求不高,几乎遍布全国。

小档案

别称:蚊子草、星星草、榧子草等

科名:禾本科

特征:稍稍压扁的叶鞘,有柔软的长毛长在鞘口,叶舌已经退化,形成一圈纤毛,内卷或扁平的线形叶片的背面十分光滑

分布:全球的温暖地区

治病效果好

画眉草性凉,可以利尿通便,清热活血,还对跌打损伤、眼睛肿痛有明显效果。同时它还可以作为动物的饲料,让牛、马等家畜食用,味道鲜美,又含有丰富的营养物质。

观赏价值高

画眉草长着较小的穗子,穗子里有细腻的颗粒,看起来如一个窈窕淑女,娇俏美丽。如果把它和粗犷的植物搭配,就会有很大的反差,形成反差美。尤其当画眉草开花的季节,一丛丛画眉草紧挨着,像大片的紫色烟火,引人驻足。

植物杀手——空心莲子草

空心莲子草水陆均能生长,故分为陆生型和水生型。在平均气温 8.5℃时,水生型就开始发出新芽,而陆生型则要在平均气温 9.5℃时才发芽。

可食用可药用

空心莲子草的茎叶可以炒着吃,可以凉拌,也可以作为牛、猪的饲料;空心莲子草全身均可入药,不仅能清热解毒,而且能治疗麻疹和乙型脑炎。

植物的公敌

空心莲子草的负面影响也有,比如它生长太旺盛,会排挤其他植物,影响水域里的生态环境;覆盖水面,吸收太多氧气,影响鱼类的生长;在农田里,也会挤压农作物的生长空间,使得农作物产量变低;还会侵犯草坪、园林景观的生长空间。

小档案

别称:革命草、水花生、喜旱莲子草

科名:苋科

特征:茎的基部匍匐在地,管状的上部呈上升的趋势,四条棱不太明显,有分枝

分布:原产地为巴西,现在中国大部分省份均有出现

习性:无法耐受水渍留,极为耐旱

可调味的龙蒿

龙蒿的叶子有着独特的香味，因此被当时的人们大面积种植，并被用作调味品。

小档案

别称:青蒿、椒蒿、蛇蒿、狭叶青蒿
科名:菊科
特征:木质的根一般比较粗大，垂直生长，茎较粗，为木质的根状结构，通常有地下茎
分布:北温带及亚热带半荒漠与草原地区
习性:湿润、凉爽的环境适合生长

有益健康

龙蒿叶中有一种物质叫丁香酚，可以缓解口腔疼痛，还可以镇静人的神经系统，所以失眠者食用后可以治疗失眠；除此之外，它也是天然的利尿剂。

✎ 最优调味品

在法国，人们非常喜欢龙蒿，几乎处处都会用到龙蒿，尤其在做菜方面。将龙蒿看作一种风味食物，与鸡肉、牛肉、鸡蛋、沙拉等调和在一起，还可以放在汤菜里。中国新疆地区喜欢用龙蒿代替辣椒做调味品。

消炎祛肿的龙珠草

龙珠草是一种很常见的野草，它的叶子像鸟儿的羽毛，会长出圆圆的果实，像珠子一样，因此被大家称为"龙珠草"。

小档案

别称：碧凉草、叶下珠、珠仔草、假油甘
科名：大戟科
特征：浅绿色或带有紫红色的茎上有直立的棱，互生的叶片呈覆瓦状排列成两行
分布：马来西亚、中国、斯里兰卡、印度、印尼等
习性：喜欢湿润、疏松的土壤，稍耐阴

消肿止痛

　　当人们的疗疮出现脓肿时,可以把龙珠草捣碎,敷在患处,每天换两次,坚持下来,会消肿止痛。

观赏作用

　　除了药用外,龙珠草还可用作观赏。目前已经有人工种植的龙珠草了,多被放在庭院或公园里,做园林景观。龙珠草的叶子一排排的,独具风格,受到很多人的喜爱。

保护生态的芦苇

芦苇多种在水边，会开出很漂亮的花。芦苇对污水净化有重要的作用，芦苇的秆也是造纸的重要原材料。

生态小卫士

芦苇可以吸收掉水中的磷,而磷是蓝藻生长的重要材料,所以间接导致蓝藻扩张缓慢。此外大面积的芦苇还可以调节周围的气候,创造良好的生态环境,也可以为鸟类提供栖息、繁衍的理想环境。

生活小帮手

芦苇在很早时期,就被人用来编织成凉席铺在床上,夏季有清凉、消暑的用处;还有用芦苇的茎做的芦笛,可以吹出清脆的曲子;而且芦苇的穗子还可以做成扫帚、填充枕头等。

小档案

别称:蒹葭、芦、苇
科名:禾本科
特征:发达的根状茎,直立生长的秆有20多节,高度为1～3米,直径为1～4厘米
分布:全世界
习性:喜欢潮湿环境,但不太耐水

牲畜的美食

芦苇的各个部分,包括芦花、芦根、芦叶等都可以作为牲畜的食物,牲畜喜欢吃芦苇的嫩芽、叶子,还可以在晒干后,让家里的牛马吃,有着浓浓的草味。而且芦苇性寒,可以清热解毒,治疗呕吐、打嗝、肺病等。

富有营养的马齿苋

马齿苋,整个植物上都是无毛的,它的叶子扁平肥大,像马齿的形状,因此得名。

生熟食均可

马齿苋的茎可以当菜来烹饪,只是茎有着很浓的味道,有些人可能不喜欢。马齿苋的叶子也能吃,清炒或做汤都可以;也可和番茄、洋葱一起炒,也能和碎萝卜搭配起来,还可以用醋来腌着吃,像腌酸萝卜一样。

营养物质的天堂

马齿苋内含丰富的苹果酸、维生素E、钙、铁、维生素B、葡萄糖、维生素C 等多种营养物质。其中ω-3 脂肪酸含量非常高,可以抑制人类吸收胆固醇,因此对于降低胆固醇、防治心血管疾病很有效。

小档案

别称：五行草、五方草、马苋、瓜子菜、长命菜等
科名：马齿苋科
特征：圆柱形的茎有很多分枝，斜倚或平卧，伏
地铺散着
分布：全世界温带和热带地区
习性：喜湿润环境，向阳，可耐受干旱和涝湿

能护肤的柠檬草

柠檬草的花果期主要在夏季,很少开花。柠檬草既可做药,也可以做调味品。

小档案

别称:柠檬香茅

科名:禾本科

特征:粗壮的秆的节下有白色的蜡粉,叶鞘的内面为浅绿色,不向外翻卷,叶舌质厚

分布:热带地区

习性:喜阳光,爱湿润,怕寒冷

护肤杀菌

柠檬草有养胃的作用,也利于排尿,对贫血有预防作用,印度医生将它视为治疗百病的药。柠檬草散发着芬芳的香气,可以杀毒,还可以调节身体的油脂分泌,改善皮肤状况,促进皮肤血液循环,滋润肌肤,有养颜的功能。而且柠檬草富含维生素 C,也是女性美容的理想选择。

可做泰式料理

柠檬草因其像柠檬般清凉的味道,常被泰国厨师用在泰国菜里,作为调味品。平时多食柠檬草,可以预防多种疾病,还能增强免疫力,有强身健体的效果。

生命力旺盛的牛筋草

牛筋草的叶子平展没有绒毛，主要长在荒芜的土地上。它的根系发达，生命力坚韧。

46

农作物的"坏朋友"

牛筋草对农作物有很大的伤害，首先它会抢走农作物的养分，包括水分、光等营养，它强大的根部可以快速吸收土壤中的水分和养分，农作物可以吸收的则寥寥无几，并且它的高度会超过农作物，影响农作物光合作用，从而阻止了农作物的增长。其次，牛筋草的肆意增长会增加务农成本和时间，导致农民花费大量精力和时间在地里。

发展旺盛

牛筋草既能有性繁殖，也能无性繁殖。有性繁殖主要是通过种子来进行，风、雨、动物排泄，都可以将牛筋草的种子传播出去，四处散播生长，而无性繁殖主要通过根茎叶来繁殖。牛筋草的两种繁殖方式，为它提供了随处生长的机会，它的分布十分广泛。

养生专家婆婆丁

婆婆丁,就是我们常说的蒲公英,有着圆锥形状的根茎,在4—10月开花结果。种子上孕育有白色绒毛结成的小球,开花后就随风飘荡,在一个新的地方生根发芽。

小档案

别称:华花郎、蒲公草、蒲公英

科名:菊科

特征:圆锥状的根表面是棕褐色的,呈皱缩的
弯曲状态,长4～10厘米

分布:蒙古、中国、朝鲜、俄罗斯

习性:可以忍受寒冷和炎热,生命力顽强

养生专家

在很多中医看来，蒲公英是清热解毒的良药之一。《本草纲目》和《辞海》都对它的药用价值做了详细记载。蒲公英可以治疗水肿、乳酸乳痛、急性扁桃腺炎等病症，还能治疗感冒、皮肤病等，可以杀死金黄色葡萄球菌、溶血性链球菌，具有消炎、健胃、散结、消热解毒的作用。所以，千万别以为它只是像雪花一样美丽，其实它也很实用。

富含营养

蒲公英不仅在医学上很有用，在食物领域也很知名，它含有有机酸、葡萄糖、胡萝卜素、胆碱等营养素，也含有铁、钙等人体所需的矿物质，而这两种矿物质是人体最缺乏的元素，所以它的营养价值很高。

带来幸运的三叶草

在西方国家，它被认为是生长在伊甸园里的植物，它也是爱尔兰的国花。

🔖 土壤的好朋友

三叶草可以增加土壤的有机质，培养出肥沃的土壤。为什么这么说呢？因为三叶草生长茂盛，产草量大，一般一亩三叶草，可以产3000公斤三叶草，在自然枯死后，融入土壤，就为土壤增加了天然的肥料，显著增强土壤的肥沃程度。而且三叶草还能降低土壤温度，促进果树吸收营养。

经济价值高

　　三叶草有着很强的适应力，可以作为牲畜的饲料，也可以作为园林植物，还能做土壤的养地作物。在 20 世纪 70 年代引入中国昆明地区，现在已在全国进行大范围种植，取得了很高的经济价值。

小档案

别称：车轴草、幸运草

科名：豆科、酢浆草科

特征：植株通常匍匐或平躺在地上，上部是稀疏的短柔毛，基部有些许分枝

分布：全世界均有种植

习性：喜湿润温暖的环境，可耐受寒冷，稍耐旱、抗虫害

可观赏的蛇莓

蛇莓的适应能力很强，春夏秋三季，露天栽培均能成活。夏天移栽，成活率极高，而且生长迅速。

观赏价值高

蛇莓的叶子和花都可以被观赏。春季可以观赏它的花，夏季可以观赏它的果。在4—10月，蛇莓会铺在地上或匍匐在墙上，一片浓绿，给人凉爽之感。花开时，会在绿叶上点缀一朵朵黄色花朵，远远望去，绽放蓬勃的生命力。蛇莓被人踩踏后损伤会很大，所以最好在封闭的区域里观赏它。

为什么叫蛇莓？

蛇莓与蛇有什么关系呢？据说，蛇很喜欢吃蛇莓的果实，因此凡是有蛇莓出现的地方，必有蛇存在。事实上，"莓"本意是指苔藓，后来就带有"较低的藤蔓"之意，蛇莓中的"莓"字也是这个意思。随着时间流逝，一些果实也被称为"莓"，比如黑莓、草莓等。

别称:蛇婆、蛇泡草、龙吐珠、野草莓、三爪风等
科名:蔷薇科
特征:粗短的茎大多数匍匐在地,海绵质的花
托呈有光泽的鲜红色,果期会膨大
分布:美洲、欧洲、东亚部分地区、东南亚
习性:荫凉、湿润、温暖的环境为好,不耐旱,耐寒

方便多用的蓍草

蓍草真正的名字叫云南蓍,它的根部是竖直的,叶子无柄,开的花最多有16朵,开花结果的时间在7—9月。

救人小能手

蓍草在医学领域有很高的价值,其富含多类氨基酸,花中含有水苏碱、甜菜碱、胆碱等,叶子中有蓍素。整个草都可以当药用,可以治疗风湿病、肿毒、痛经、摔伤跌伤等病症;在西方医学里,也可以治疗阑尾炎、急性肠炎、扁桃体炎等疾病。

◤ 观赏价值高

　　不仅有药用价值，蓍草的花色明艳，开花时期长，开花时非常美丽。多放于院子中、公园里做植物观赏，但是目前在人们生活里利用得很少，需要在以后开发它的观赏潜力。

小档案

别称：云南蓍

科名：菊科

特征：根状茎较短呈直立状态，下部不分枝，上部偶有分枝，中部以上被密集的长柔毛覆盖着，下部没有毛

分布：中国云南、湖南、湖北、甘肃等地

习性：温暖湿润的环境适合生长，可耐受寒冷

缓解疟疾的水蜈蚣

水蜈蚣的根茎非常长,匍匐在地上,并带有褐色的鳞片,鳞片是一节一节的,和蜈蚣十分类似。

疟疾克星

疟疾在以前是非常难治的疾病,现在已经被攻克,而水蜈蚣是治疗疟疾的良药。在疟疾发病前的两个小时内或前一天,用 2 ~ 3 两水蜈蚣,加水煎 3 ~ 4 小时;服药时间不要少于三天,服药前要通过血液检查找出疟原虫,服药后就可缓解症状。

治疗慢性气管炎

把 1 斤水蜈蚣,加上香叶树的根和叶各半斤,进行蒸馏,蒸好后,每日服 3 次,每次喝 20 毫升,以 10 天为一疗程。长期坚持下来,对慢性气管炎有明显效果,但是难以根治,一旦停药就容易复发。

小档案

别称:裂叶秋海棠等

科名:莎草科

特征:植株光滑,生长期会像菖蒲一样散发香气,
根状茎像蜈蚣一样匍匐在地上,有许多节,
多数节下生有根须

分布:中国大部分地区

口感好的天胡荽

可食用

由于天胡荽具有独特的口感，且无毒无害，人们用它来炒菜、炖菜。由于天胡荽本身有一些芳香味道，可以祛除肉类的腥味，在炖肉、鱼时，人们会放天胡荽去味，这样炖出来的肉，会散发着清香。

天胡荽的根茎又细又长，匍匐在地上，远看一大片，十分壮观。天胡荽的另外一个名字叫金钱草，因为它的叶子形状长得像钱，所以得了这个称号。

全草可入药

天胡荽有着较高的药用价值，它可以祛除体热，排出毒素，有消肿利尿、化痰止咳的功能，还被现代医学用来医治肝炎、肝硬化、胆结石等疾病。

别称：石胡荽、龙灯碗、鹅不食草、步地锦等

科名：伞形科

特征：细长的茎平卧在地上，连成一片，节上会生根，肾圆形或圆形的叶片为膜质至草质

分布：日本、朝鲜、中国、东南亚地区至印度

习性：不能被阳光直射，喜欢温暖潮湿的环境

调节生态的香蒲

香蒲的花粉是种中药,医学上称蒲黄。蒲黄能通淋、止血镇痛、活血化瘀,在我国的应用历史非常悠久。

生态卫士

香蒲可以调节湿地的生态系统,它的根系发达,能够净化水质,保证水生态系统的干净;除此之外,香蒲还可以减少土地流失,增加土壤发育,提高土壤肥沃度。香蒲也因此被种在各大城市的湿地公园里。

✎ 重要经济出口物

　　香蒲纤维含量高，它的叶子可以用来包草袋、草席、茶垫、手篮等编织品，目前已出口外国，创造了经济价值。香蒲也是造纸的原料，还可以造人工棉，各方面可利用度很高。

小档案

别称：东方香蒲、水蜡烛等

科名：香蒲科

特征：乳白色的根状茎十分光滑，由地面向上渐渐变细，上部扁平，下部腹面有些微凹陷

分布：日本、菲律宾、中国、俄罗斯及大洋洲等地

习性：喜欢湿润的高温环境

多重价值的香叶天竺葵

香叶天竺葵高达 1 米，带有芬芳香味。一般在 2 ~ 3 年时是生命旺盛期，5 年后便开始衰落。

多重经济价值

香叶天竺葵散发出逼人的香气，它可以提炼天竺葵油，制作香水、香皂、牙膏等，还是香料的原材料之一；由于玫瑰油提炼成本高，而香叶天竺葵的香味和玫瑰油相似，因此香叶天竺葵成了玫瑰油的替代品。从香叶天竺葵中提炼出香水和香精，成本低得多。

药用价值高

香叶天竺葵不仅经济价值高，还具有很高的医用价值。它可以祛风湿、止痛、杀虫、治疗疝气等，全身都是宝。

小档案

别称：洋葵、石蜡红、洋绣球

科名：牻牛儿苗科

特征：直立的茎有木质化的基部，肉质的上部被有光泽的有香味的柔毛覆盖

分布：原产于非洲南部，以及摩洛哥、阿尔及利亚、法国、埃及等国

习性：喜阳怕寒，喜温湿环境

稀有的猩猩草

　　猩猩草是常绿灌木，盆栽时株高达 0.5～2 米，在气温较高的地区甚至可以高达 6 米。

观赏价值高

　　猩猩草的叶子由红色和白色组成，搭配和谐，看着很应景，很多人喜欢把它栽种在花盆里做观赏植物，多放在院子、公园等地方。

中国产量少

　　猩猩草在欧美比较流行，已经作为盆栽产品被规模化培植，而它鲜艳的颜色、大片的花苞十分漂亮，深受大众欢迎。但是在中国发展缓慢，只引进了少量品种，而且由于栽培技术有限，一直没有大量生产出来。目前已经有国外的公司进入中国，企图以合资和代理的方式生产猩猩草，打入中国市场。

小档案

别称： 草本一品红、草本象牙红、老来娇
科名： 大戟科
特征： 圆柱状的根直径为 2～7 毫米，偶尔会有木质化的基部，直立的茎上部有许多分枝
分布： 原产地在中南美洲
习性： 喜欢充足的阳光，耐干旱，不耐潮湿和寒冷

能治病的**阴行草**

　　阴行草的叶子分左右两边对称生长，花冠上唇是紫色，下唇是黄色，主要生长在 800 ~ 3400 米的山地中。

✎ 降低胆固醇

　　科学家有做过相关实验：将阴行草煎成草药喂给小老鼠，会发现老鼠的胆固醇快速降低。阴行草也有抗菌的功效，能对白喉杆菌、金黄色葡萄球菌、痢疾杆菌等产生效果。

✎ 保肝利胆

　　经过实验，研究者发现，将用阴行草煎的草药喂给患有肝损伤的小老鼠喝，老鼠的肝损伤会逐渐愈合。由此可见，阴行草对保肝利胆有显著的功效。

别称: 北刘寄奴、角茵陈、黑茵陈、金钟茵陈

科名: 玄参科

特征: 植株的高度为 30 ～ 60 厘米, 过于干旱时
会变成黑色的, 植株全被锈色的短毛覆
盖, 大部分须根是散生的

分布: 朝鲜、中国、俄罗斯、日本

提高抵抗力的鱼腥草

鱼腥草在我国比较常见，我们常用它来凉拌，很多人喜欢它，同样也有很多人讨厌它。

提高免疫力

鱼腥草除了可以食用外，还可治疗慢性气管炎，原理是鱼腥草素能促使白细胞大量吞噬白色葡萄球菌，提升血清备解素，提升免疫能力。

通便利尿

在实验中发现，用鱼腥草的提取物给蟾蜍或青蛙注射，它们的血管会变大，尿量增加，所以推测有利尿作用。这可能是因为鱼腥草内含有有机物，可以促进尿液分泌。

吴越传说

关于鱼腥草，也有个传说。根据《吴越春秋》里的记录，越国皇帝在投降吴国后，曾经舔过吴国国王的大便，就得了"口臭"这种病。而为了掩盖越王的口臭味道，商人范蠡就开始用鱼腥草来入菜。

别称：折耳根、臭灵丹、臭根草、臭菜等

科名：三白草科

特征：茎下部为了生根而匍匐在地，上部呈直立状，阔卵形或心形的互生叶片，有腥臭气

分布：中国部分地区

习性：温暖湿润的环境适合生长，不耐干旱，耐寒

清热去火的元宝草

元宝草属多年生草本，多生长在山坡上或阴冷潮湿的地方。它开着红棕色的花朵，气味淡，味道却比较苦。

药用价值高

元宝草具有清除多余体热、排除毒素、止血祛风湿的功效。在农村到处可以看到它。为了保持它最大的药用价值，最好在立夏后开始采摘，即6月初到6月底；采挖时要连根拔起，因为它全草都可入药，不要浪费。

可做凉茶

元宝草除了可以入药外，还能在夏季做凉茶。用元宝草做的凉茶有着清香的味道，特别在炎热的夏天，可以去火解暑，便宜又好用。如果想把元宝草长久地保存起来，一般可以先用水洗干净，然后用热水烫一遍，再放在阴凉处晾干，这样它短期内都不会坏掉，可以用很久。

小档案

别称：对月草、双合合、大叶对口莲、灯台等
科名：藤黄科
特征：圆柱形的茎比较单一，上半部分有分枝，没有腺点，对生的叶子没有叶柄
分布：中国部分地区
习性：喜欢温暖的环境，对土壤没有特殊要求

可以做纸的**纸莎草**

纸莎草的叶子是棕色的三角形状,在夏末开淡紫色的花,对霜十分敏感,是典型的热带植物。

小档案

别称:纸草、埃及纸草、埃及莎草
科名:莎草科
特征:直立的茎秆为三棱形,丛生而不分枝,棕色的叶鞘包裹着茎秆的基部
分布:现分布于刚果、马达加斯加岛、乌干达、埃塞俄比亚和西西里岛
习性:在阳光充足的环境下才会开花

特色文化

纸莎草是古代埃及文明的一部分，古埃及人用这种草制成了纸张，记载了埃及文明，随后被希腊人、罗马人、阿拉伯人使用，因而有着 3000 多年的历史。直到 8 世纪中国的造纸术传到埃及，莎草纸才被取代。

观赏价值高

纸莎草多用于水边园林景观，人们通过丛植和片植来打造浓密的视觉效果。除此之外，纸莎草还能防治水污染，创造良好的水域生态。

强势侵略者——竹叶草

竹叶草长得和竹子类似，呈现一节一节的根茎，叶子也和竹子很像，并因此而得名。

强势入侵

竹叶草的适应性十分强，尤其在田地上生长旺盛。它会混进农作物里，成为农民厌恶的杂草，它的生长速度很快，能快速占领土地，抢夺庄稼的水分和养分，这样农作物就得不到充足的营养补充，结出干瘪的果实，影响农作物产量，是农民的一大烦恼。

天然中药

根据《本草纲目》记载，竹叶草的真名叫"淡竹叶"，其根茎可以做药，具有清热解毒、利尿的作用，还能解渴，治疗牙龈肿痛、咳嗽，价格便宜，实用性高。但有两类人不宜多吃竹叶草，一是体寒者，二是孕妇。

小档案

别称：多穗缩箬、大缩箬草

科名：禾本科

特征：叶鞘几乎无毛，叶片呈披针形，基部有不对称的包茎

分布：低海拔森林空地与山径两侧

习性：偏好阴湿环境

清香扑鼻的紫苏

紫苏带有特殊的芳香，叶子边缘呈锯齿状。在南方，紫苏的叶子可以作为调味品，在烹饪时放入，会让整道菜清香扑鼻。

历史悠久

　　紫苏的种植历史已经有 2000 多年了,目前用在医药、香料和食材方面。在近现代生活里,紫苏的医药价值和营养成分备受世界关注,俄罗斯、日本等国家对紫苏开始进行人工培植,并开发出十几种紫苏类产品,在不久的将来,紫苏的商业价值会被充分开发出来。

医药价值极高

　　紫苏被日本人用在料理中,日本人喜欢在生鱼片中放入紫苏。除此之外,紫苏的叶子可以驱寒,治疗感冒、咳嗽、恶心呕吐等症状。它的种子可以祛痰。紫苏全草还可以提炼紫苏油,可以治疗冠心病和高血脂。

小档案

别称:桂荏、红苏、青苏、白紫苏、黑苏、白苏、赤苏
科名:唇形科
特征:植株为四棱形,呈绿色或紫色,被长的柔软的毛覆盖,叶子先端突尖或短尖,基部为圆形或阔楔形
分布:中国、朝鲜、印度、缅甸等国家
习性:有很强的适应性,对土壤没有特殊要求

鲜红的血草

血草的花期在夏末，是优良的彩叶观赏草，可做花境配置。

名字传说

据说有一次一个游人行走在神农架的山林里，突然发现手上沾满鲜血，非常惊慌。仔细查看，发现自己并没有受伤。后来他在走路时碰到了一个植物，这种植物一旦被折断，就会流出血液般鲜红的汁液，所以被称为"血草"。

观赏价值高

血草在春天会长出亮绿色的嫩芽，叶子顶端是酒红色，到秋天叶片变成血红色，而进入冬天以后，叶片变成铜色，具有较高的欣赏价值。在盆景搭配中，血草是很好的配角，与那些花卉搭配，在庭院草地呈现出鲜明的色彩效果。具有一定的趣味性，也创造了美好的景观效果。